探索夜晚
Explore Night Science

24 个走进夜晚的创新活动

〔美〕辛迪·布勒鲍姆 著 【美】布赖恩·斯通 图

陈慧麟 译

科学么么哒

上海科技教育出版社

 目 录

前 言

太阳下山还未再次升起之前，打开门，你将步入黑暗的夜晚。你会看到周围一切都是黑灰一片。你会觉得听觉特别敏锐吗？你会觉得嗅觉特别灵敏吗？夜晚的空气感觉是什么样的？是否和白天的感觉不一样？

词汇单

夜晚： 太阳下山后到再次升起之前的黑暗时段。

迁徙： 从一个地方迁到另一个地方生活。

不论你生活在城市还是乡村，**夜晚**与白天总是不同的。你看到的天空是不一样的，夜晚出来活动的动物是不一样的，夜晚开花的植物是不一样的，夜晚发生的一切也随着四季而变化。观察星空和学猫头鹰叫是冬夜里最合适的活动，抓飞蛾和看蝙蝠则是夏夜的主要活动，而在春秋的夜晚，很多动物会趁着夜色**迁徙**或繁殖。

探索**夜晚科学**需要什么工具？用你的**感官**基本上就够了。眼睛、耳朵、鼻子、皮肤是你最重要的工具。你的视觉、听觉、嗅觉、触觉在夜晚都会发生变化。通过在黑暗中的考验，你的感官功能会提升，你能更好地使用它们。

你应该在何时探索夜晚呢？有些夜晚科学家会熬夜到很晚，他们会在天黑以后开展研究，而另一些夜晚科学家则会很早起床。他们会在天亮前做研究。

词汇单

夜晚科学： 研究夜间自然界的学科。

感官： 视觉、听觉、嗅觉、触觉以及味觉。这些是人及动物从周边环境获取信息的途径。

你会发现有些夜晚比较长。冬天的长夜意味着你不必为了做实验熬夜到很晚或起得很早。但是，并不是所有现象都发生在冬夜。在其他季节里，周末是安排探索的理想时间。如果你因熬夜而太累了，就可以在白天睡觉。

开心一刻！

你怎么能在晚上不睡觉而从不感到累？

在白天睡觉！

本书中大多数活动适宜在黑暗中开展。但在你开展活动之前，材料的准备工作最好还是在有光线的时候进行。有些活动需要在室外做，有些也可以在黑暗的房间里或地下室做。一般情况下，微弱的光线不会影响活动效果，毕竟大多数夜晚也不是全黑的。

在夜晚，你有机会探索一个新的世界。你不必长途跋涉，你也不需要昂贵的工具。然而，你发现的很可能是一个全新的世界！

词汇单

超新星：处于爆发过程中的恒星。

星系：由亿万颗恒星组成的集团。地球所在的星系为银河系。

光年：巨大的距离测量单位。一光年是光走一年的距离，大约 9.5 万亿千米。

发现超新星

孩子们也可以成为夜晚科学家！2011 年 1 月，一位住在加拿大新不伦瑞克名叫凯瑟琳的 10 岁女孩成为了年纪最小的**超新星**发现者。科学家通过比对不同夜晚拍摄的遥远**星系**照片来发现超新星。凯瑟琳和她爸爸一起查看了 52 张对 2.4 亿**光年**之遥的一个星系拍摄的夜空照片，在第 4 张照片中凯瑟琳发现了一个新的光点。她问爸爸："这是吗？"经过进一步研究，她和爸爸确认这就是超新星。凯瑟琳成为了发现编号为 SN2010 的超新星的第一人，这颗超新星在 2.4 亿年前爆发。

1. 为什么会有夜晚

夜晚开始于太阳消失在**地平线**后。有些光还会在天空中逗留一会。这段时间称为**黄昏**。太阳在地平线上初露头时夜晚就结束了。在太阳跃出地平线之前，天空中可能已经有些光了，这段时间称为**黎明**。你在黄昏和黎明看到的光称为**曙暮光**。

词汇单

地平线：大地与天空的分隔线。

黄昏：太阳消失于地平线后，天空中还留有太阳光的一段时间。

黎明：太阳从地平线下升起之前，天空中已出现太阳光的一段时间。

曙暮光：黎明和黄昏时，空中可见的太阳光，此时太阳还在地平线下。

词汇单

大气层：将地球包裹在内的气层。

水蒸气：气态的水，如雾、蒸汽、或霭。

曙暮光存在的原因是地球有**大气层**。大气层就像一条无形的毯子把我们的行星包裹其中。太阳光线会在组成毯子般大气层的空气、水汽、云层以及尘埃上反射。有些反射光线会落到地球上，你就可以在天空中看到这些光线。

周围空气中的物质越多，阳光被分解出的颜色就越多。因此，如果空气中有很多浓烟或**水蒸气**，曙暮光中的云层和天空可能会呈现出紫色、粉色、红色以及橙色的光彩。

开心一刻！

大气层对地球说了什么？

"我把你包了起来。"

你知道吗？

有人依据黄昏和黎明时天空的颜色来预测天气。老水手的格言是这样说的：

早晨天空呈红色，水手出海要当心。（暴风雨要来了。）

傍晚天空呈红色，水手出海不担心。（天气会转好。）

请观察曙暮光时天空的颜色，看看是否真是这样！

光线亮度是动植物活动的一个信号。为什么黄昏和黎明往往是自然界最为活跃的时段？活跃了数小时的生物准备要休息了。一直在休息的生物则开始要活跃起来了。

有些花闭合了，而有些却含苞待放。昆虫发出嗡嗡、咔嚓、唧唧的声音。蝙蝠和夜鹰则在俯冲觅食。鸟儿在唱歌。星星忽隐忽现。

黄昏和黎明时会发生很多事，而那时的光线亮度往往刚好够你看清周边的物体。曙暮光时刻是探索夜晚的最好时机。

夜晚有多长？

夜晚有的长，有的短，也有的一直保持不变。夜晚的长短取决于你住的地方及季节。你可能感觉不到，但地球就像一个大球在不停打转。每24小时地球自转一周，这就是一个历日。

地球在自转的同时也围着太阳绕圈运行。这个圈就是**地球轨道**。地球沿着轨道运行时，地球上不同部分不同程度地向太阳倾斜。

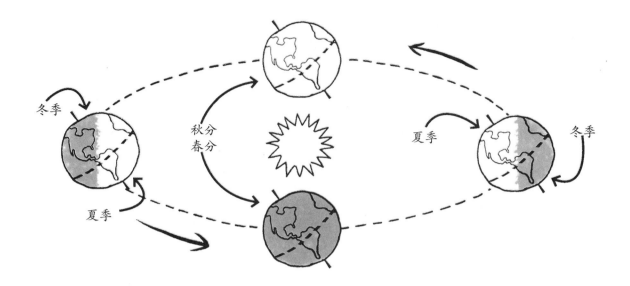

当地球表面你所在的地方倾向太阳时，你会感到白天长，夜晚短。这种情况发生在夏季。当地球表面你所在的地方背向太阳时，你会感到白天短，夜晚长。这种情况发生在冬季。如果你生活在**赤道**附近，比如厄瓜多尔的基多，你的白天和夜晚总是一样长的，都是 12 小时。

在每年的 3 月 21 日和 9 月 23 日左右，全世界的白天和夜晚都一样长。这是因为在这两天地球既不倾向太阳也不背向太阳。我们称这两天为**春分或秋分**，它们标志着春季和秋季的正式开始。这两天，太阳在正东方升起，在正西方落下。

词汇单

赤道：一条假想的环绕地球腰部的线，将地球分为两半。

春分或秋分：来自拉丁语，意为"一样长的夜晚"。春分在 3 月 21 日左右，秋分在 9 月 23 日左右。每年这两天全世界的白天和夜晚都是 12 小时。

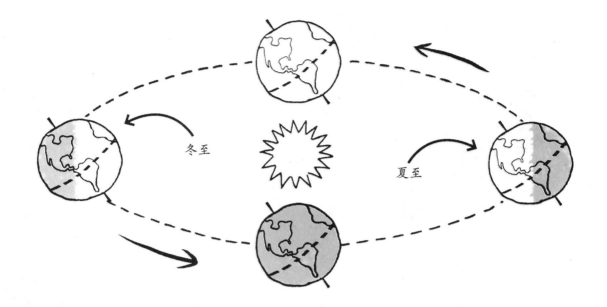

12月21日（或22、23日）和6月21日（或22日）则是另外两个重要的日子。我们把这两天称为**二至日**。

夏至标志着夏天的开始，那天白天最长，夜晚最短。这是因为地球表面你所在的地方与太阳的高度角最大。那天你会发现太阳似乎从东北升起，在西北落下。

冬至标志着冬天的开始，那天白天最短，夜晚最长。这是因为地球表面你所在的地方与太阳的高度角最小。那天你会发现太阳似乎从东南升起，在西南落下。

词汇单

二至日：来自拉丁语，意为"太阳停下来了"。这时地球倾向或背向太阳的角度达到最大。夏至日太阳在天空中的高度角达到最大，冬至日的太阳高度角则最小。

活动：光和大气层

了解光在大气层上反射的原理。在夜晚或非常暗的房间里进行此活动。

1 将黑纸置于桌子边缘。把桌子的边缘看作地平线，将塑料盆置于黑纸上。

2 往盆中倒水至四分之三满，在水面上洒肉豆蔻。塑料盆、水和肉豆蔻就形成了一个模拟的大气层。

3 打开手电筒。将手电筒置于地平线下方并向上照射水盆，慢慢地将手电筒移到地平线上方。观察水盆里面、下面，以及后面发生了什么现象。

4 把桌上的水盆拿走后再重复实验。你注意到没有大气层有什么不同呢？

活动准备

◎ 黑暗的房间

◎ 黑纸

◎ 桌子

◎ 透明的塑料盆

◎ 水

◎ 肉豆蔻

◎ 手电筒

你知道吗？

月球没有大气层。这意味着在月球上没有曙暮光。当太阳消失于月球的地平线下，月球上顿时会漆黑一片。太阳在月球的地平线上一升起，月球上会顿时充满光明。

活动：夜晚时钟

夜晚什么时候开始？这在每个季节都有变化。通晓变化的方法之一是制作自己的夜晚时钟。

1 将两个纸碟对折再对折。折好的纸碟就像一大块馅饼。

2 打开每个纸碟，都有四个相等的扇形。剪下其中一个纸碟的一块扇形区域，但其内角不要剪。剩余的部分就是窗口碟，将其放在一边。

3 在未剪过的纸碟上，用黑色的笔沿着折痕划线。在每一扇形区域的外缘标上各季节的名称：春、夏、秋、冬。这就是你的记录碟，你要在它上面记录你学到的夜晚科学。

4 将尺沿着黑线放置。从中心开始，每隔 1/2 厘米用铅笔点一下，沿着其他黑线重复此过程。将这些点连成与纸碟同心的圆。

5 用大头针在每个纸碟的中心戳一个洞。将窗口碟置于记录碟上方。用书钉穿过洞，将两个纸碟钉在一起。

6 在窗口碟上，对着记录碟最靠近中心的环线，标上 7 a.m.。接着下一根标上 6 a.m.，然后是 5 a.m.，4 a.m.，3 a.m.，2 a.m.，1 a.m.，子夜 12 点，11 p.m.，10 p.m.，9 p.m.，8 p.m.，7 p.m.，6 p.m.，5 p.m.，4 p.m.。如果你生活在靠近南北极的地方，你可以加上更多的时刻环线。

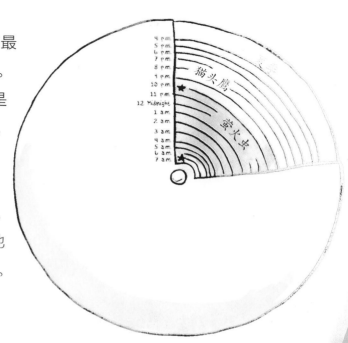

7 拨动窗口碟露出现在的季节。看好太阳下山的时刻，并在记录碟相应的时刻环线上标上一颗小星星。早晨看好太阳升起的时刻，并在记录碟相应的时刻环线上也标上一颗小星星。用蓝色荧光笔将介于这两条时刻环线间的区域都涂成蓝色。用黄色荧光笔将蓝色区域以外的都涂成黄色。每个季节都做一遍。

8 用你的夜晚时钟，你可以记住什么时刻可以倾听猫头鹰的叫声；看萤火虫飞舞，观赏一场**流星**雨；闻闻夜间开花植物的芳香。在时刻环线间或背面，记录下你在夜晚做的或学到的事情。

班级交流：与同学们分享你的夜晚时钟。看看同学们的夜晚时钟和你的是否一样。

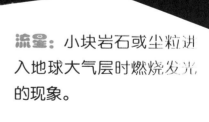

词汇单

流星：小块岩石或尘粒进入地球大气层时燃烧发光的现象。

17

活动：夜晚长度

将一个大球当成地球，在手中转动，并让其围绕太阳运行，看看夜晚的长度是怎样随着季节和地理位置的不同而发生变化的。想一想当你所在的地方是白天时，地球上哪里是夜晚。想一想当你所在的地方是夏天时，地球上哪里是冬天。

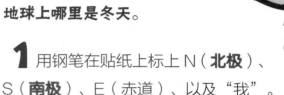

1 用钢笔在贴纸上标上 N（**北极**）、S（**南极**）、E（赤道）、以及"我"。

2 大球就是地球。将标有 N 和 S 的贴纸粘在大球相对的两端，分别表示北极和南极。将标有 E 的贴纸粘在北极和南极中间一半的位置，表示赤道。查看世界地图找出你所在的地方与南北极以及赤道之间的相对位置，贴上标有"我"的贴纸标记你生活的地方。

3 如果你的台灯有灯罩的话，将灯罩拿掉。打开台灯，这就是你的太阳。把周围所有其他的灯都关掉。

4 用手捏在 N 和 S 处将球拿起来。先将标有"我"的那面

你知道吗？

北极和南极的冬天充满黑夜。那里的太阳每年有 179 天都不会露出地平线。也就是说夜晚长达半年！

对着太阳。然后从 1 数到 24，将球自转一周。这就是一历日的 24 小时。

5 再次以匀速旋转大球。这次要数一数"我"的贴纸在黑暗中逗留了几秒。这就是夜晚有几个小时。

6 然后一边转球一边绕着台灯行走。你的行走路径就是地球绕太阳运行的轨道。

7 将球略微倾斜，使代表北极的贴纸朝向台灯，这就是北极的夏天。从 1 数到 24，将球自转一周。分别观察北极和南极夜晚的长度。再观察赤道附近以及你所在地方夜晚的长度。

8 将球略微倾斜，使代表南极的贴纸朝向台灯。从 1 数到 24 将球自转一圈。观察南极和其他贴纸处夜晚的长度。你就会明白为什么南极和北极的白天和夜晚会持续半年。你现在能理解为什么赤道处的白天和夜晚总是一样长了吗？

日历 + 书本 = 历书

历书既是日历又是书。历书里记录了一年里太阳、月亮、恒星以及行星每天升起及落下的时刻。印刷版本的历书最早出现在大约 1457 年。在历书出现之前，人类就在观察太阳、月亮、恒星以及行星升起及落下的时刻及位置。人类在地面上建造了巨型环状石阵，这些巨石按照天空中日月星辰起落的位置排列。这种环状石阵在世界各地都有发现，其中最著名的当属英格兰的巨石阵。

2. 观察夜晚

在白天，你依赖于视觉。

当有光时，你的眼睛就可以辨别颜色、形状、运动和距离。

当你刚踏入黑暗时，你能用同样的方法辨别颜色、形状、运动和距离吗？可能不行。你甚至会觉得自己失去平衡！很多人会因看不到周边的物体而失去平衡。你是否也会觉得在黑暗中不能走路了呢？

眼睛是怎样工作的

为什么你的眼睛在夜晚看不清东西？要回答这个问题就得了解你的眼睛是怎样工作的。在镜子里观察你的眼睛：你会看到眼睛正中有一个黑洞，这叫**瞳孔**。瞳孔周围围绕着一圈有色组织，叫做**虹膜**。虹膜中有一块肌肉。当在黑暗中时，虹膜肌会将瞳孔拉开变大，使更多光线进入眼睛。过于明亮时，虹膜会挤压瞳孔使其变小，从而减少进入眼睛的光线。

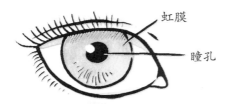

虹膜

瞳孔

词汇单

瞳孔：让光线进入眼睛的开口。

虹膜：眼睛中有肌肉功能的有色环状组织。

视网膜：眼球后壁的感光内膜。

细胞：生物最基本的组成部分。动植物往往是由数以亿计的细胞构成的。

视锥细胞：视网膜中的锥状细胞，对亮光及颜色很敏感。

视杆细胞：视网膜中的杆状细胞，对弱光很敏感，不能分辨颜色。

进入瞳孔的光线汇集到**视网膜**上。视网膜就像眼球后壁的一个屏幕，视网膜主要由两种**细胞**构成，它们是**视锥细胞**和**视杆细胞**，这些细胞都对光线很敏感。

视网膜

虹膜

瞳孔

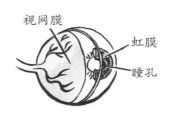

大瞳孔，小瞳孔

在一个有光线的房间里，用手蒙住自己的一只眼睛10分钟。然后把蒙住眼的手拿开，照一下镜子，观察两只眼睛的瞳孔大小。它们有区别吗？

再用手蒙住另一只眼睛10分钟。到时间后，进入一个黑暗的房间。用没有被蒙住的那只眼睛观察四周。再用手将此眼蒙上，同时将手从另一只被蒙住的眼睛上拿开。注意观察瞳孔大时你能多看到些什么。两只眼睛轮流眨眼则更有趣。

词汇单

哺乳动物： 身体恒温且大多体表覆盖毛发的动物。人类、狗、马以及老鼠属哺乳动物。

爬行类： 体表覆盖鳞片，靠腹部或短腿爬行的动物。爬行类动物通过爬到较热或较冷的地方来改变自己的体温。蛇、龟、蜥蜴、短吻鳄以及鳄鱼属爬行类。

两栖类： 皮肤湿润，出生在水中但能水陆两栖的动物。两栖类动物通过移动到较热或较冷的地方来改变自己的体温。蛙、蟾蜍、蝾螈均属两栖类。

视锥细胞位于视网膜的中央，它们可以感知颜色及细节。视锥细胞工作时需要明亮的光线。因此光线明亮时，你看正前方的物体总是最清楚的。你的视锥细胞种类越多，你可以辨别的颜色就越多。许多**哺乳动物**只有2种视锥细胞，人类及大多数猴子有3种视锥细胞。大多数的鸟类、**爬行类**以及**两栖类**有4种视锥细胞。一些蝴蝶有5种视锥细胞，而虾蛄则有多达12种视锥细胞。

视杆细胞位于视锥细胞的外围，其功能是将有关物体形状及运动的信号发送至大脑。视杆细胞可以在非常微弱的光线下工作。你可能已有这样的体会，在黑暗的环境里待上一会儿会看得更清楚些。这是因为视杆细胞要在黑暗中待 20 分钟才会进入最佳工作状态。

词汇单

外周：物体的边缘。

夜行：在夜间活动。

适应性：帮助动植物适应环境、更好地生存的特性。

你注意到了吗？在黑暗中，从你的眼睛边缘最容易看清物体。这是因为你的视杆细胞在视网膜的外缘，这被称为**外周**视觉。大多数**夜行**动物有在夜晚看清物体的**适应性**。许多夜行动物的眼睛里没有任何视锥细胞，因此它们看不到任何颜色。它们看到的每个物体都是白色、灰色或黑色的。然而，夜行动物的眼睛里却拥有大量的视杆细胞。

你知道吗？

为什么海盗要戴眼罩呢？这是为了让一只眼睛总是准备着在弱光下看清物体。由于海盗经常要从明亮的甲板下到黑暗的船舱，他们需要在强光和弱光下都能看清物体。他们下船舱时不需等眼睛的调节，只要拿掉眼罩即可。

平衡挑战

在一间明亮的房间里，双眼睁开单腿独立，数一数你能站立几秒。每条腿能保持的时间都一样吗？然后在非常黑暗的房间里再试一遍。

其他适应性

词汇单

反射：当热量、光线或声音接触物体表面时，后者使前者传播方向发生变化。

大多数夜行动物长着具有宽阔瞳孔的大眼睛。猫头鹰的眼睛大到可以占据半个头。你有没发现，猫或鹿的眼睛在汽车灯光的照射下会发射出明亮的光芒？夜行动物的视网膜后面有一层厚厚的膜，可以像镜子一样**反射**光线，从而帮助夜行动物在微弱光线下看得更加清楚。当黑暗中强光照射到它们的眼睛时，这层膜会反射光线，看上去好像眼睛在发光似的。

一些夜行动物的眼睛甚至长在头的两侧。这种适应性使得夜行动物有更好的外周视觉，所以它们可以看清是否有东西在偷偷逼近。

你知道吗？

你听说过"瞎得像一只蝙蝠"这样的谚语吗？这说法不正确！蝙蝠眼睛的视杆细胞比视锥细胞要多得多，它们可以感知物体。而且，即使它们白天外出活动时，它们的眼睛也是起作用的。

但是，由于每边只有一只眼睛看东西，这些动物的深度觉有些不足。由于**深度觉**的缺陷，它们没办法知道物体与它们的距离以及物体的运动速度。

你是否注意到，猫瞳孔的形状就像一根垂线。这是因为猫在白天和夜晚都需要活动。狭长裂口状的瞳孔可以防止猫的眼睛在白天接受太多的光线。但在微弱光线下，猫的瞳孔却可以张得很大，这使得猫在夜间有极好的视力。

词汇单

深度觉：可以辨别物体远近的知觉。

影子：物体挡住光线而形成的黑暗投影。

轮廓：因为挡住了光线，看上去是黑色的实物。

在白天，小的圆形瞳孔会盖住视网膜上的视杆细胞，会使猫对运动的物体不那么敏感。但是狭长裂口状的瞳孔至少能让一部分视杆细胞接受到光线。袋鼠、绵羊、山羊、狐狸和一些蛇类也有着狭长裂口状的瞳孔。

在夜晚，你不容易辨别颜色和细节，但你很容易被运动着的黑暗物体惊吓到。你看到的黑暗物体有一些是**影子**，其他的则是**轮廓**。当你了解了常见夜行动物的影子和轮廓后，你会成为更好的夜晚科学家。

改善你的夜间视力

很久以来，人们一直想让自己在夜晚看得更清楚些。你爸爸妈妈可能说过："如果想在夜晚看得清楚些，多吃些胡萝卜。"胡萝卜含有胡萝卜素，胡萝卜的橙色就是由它而来。你的身体会把胡萝卜素转化为维生素A，你的视网膜就靠维生素A把信号传送给你的大脑。因此，胡萝卜素对眼睛是有好处的。但是，即使你没有额外多吃胡萝卜，你的胡萝卜素可能也够了。

开心一刻！

什么东西像大象一样大但没有重量？

影子！

什么能够改善你的夜间视力呢？你可以使用一架夜视镜、望远镜或弱光照相机。科学家们已经开发出多种不同的设备来帮助他们在夜晚看得更清楚。

图像增强器就像夜间护目镜一样，增强了你见到的光，比如星光和月光，产生的能量。当你通过图像增强器来观察物体时，屏幕上显示的图像比你用裸眼看到的明亮得多。

词汇单

光源：光来的地方。

热成像探测仪甚至可以在完全没有自然光的情况下成像。它并不感知光，而是感知物体散发的热量并将其转化成电子图像。有时这些图像显示的低温物体呈黑色，而高温物体呈白色。但有些热成像照相机可以成彩色像，呈现蓝、黄、红、橙、黑、白色。

近红外照明器就像夜间摄像机一样，可以发射大多数人类及动物看不到的光信号。近红外光线遇到物体反弹，反射回镜头。它在弱光视频环境下成的像要比在没有额外**光源**的情况下成的像更好。

这些发明被应用在军用坦克、飞机以及监控摄像头中。搜救队、研究野生生物的生物学家、特别行动小组、睡眠科学家也用这些技术。穿戴着这种仪器的人可能看起来很好笑，但想想他们能看到的所有东西！

你知道吗？

有些飞蛾和蜻蜓有全彩色的夜间视觉。科学家们正在研究它们眼睛的工作原理。科学家们想用这些信息来发明更好的夜视照相机。

活动：颜色挑战

- 9 支蜡笔（黄色、红色、蓝色、绿色、黑色、棕色、橙色、粉色和紫色各 1 支）
- 4 张白纸
- 写字夹板或坚硬表面

你能在夜晚辨别颜色吗？试试看吧。

1 首先，在光线明亮的地方将包在蜡笔外面的一层纸撕去。

2 将 4 张白纸分别标上 1、2、3、4。将这些纸放在写字夹板上，标号为 1 的纸放在最上面。

3 在标号为 1 的纸上用各种颜色的蜡笔写上各自颜色的名字，比如，用红色蜡笔写上"红色"。将纸翻过来放在最下面。

4 然后进入到一个黑暗的房间。在标号为 2 的纸上用各种颜色的蜡笔再写一遍各自颜色的名字。所有 9 支蜡笔都写过后，将纸翻过来放在最下面。

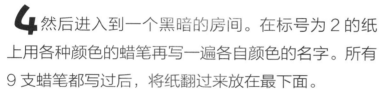

5 在标号为 3 的纸上用所有的蜡笔画一幅图画。慢慢画！画完将纸翻过来放在最下面。在标号为 4 的纸上再用各种颜色的蜡笔写上各自颜色的名称。

6 接下来回到照明较好的地方。将标号为 1、2、4 的纸并排放置，看一看哪个颜色你写对了，哪个颜色你写错了。从纸 2 到纸 4 你是否发现你对颜色的感知改善了？你在纸 3 上画图时你的眼睛已适应了弱光。

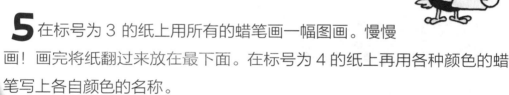

你知道吗？

很多年来，消防车一直都是红色的。红色往往被用来警示危险的存在，而且在白天也很显眼。但是，弱光下红色看上去就像黑色，红色消防车在夜晚就不显眼了。人类眼睛最敏感的颜色是石灰绿和黄色。现在许多消防车被涂成明亮的黄色或涂上黄色的斑块，这样使得它们在夜晚也会很显眼。

活动：睁眼，闭眼

试着在不同的照明状况下，先是双眼睁开接球，再是睁一只眼闭一只眼接球。你会体会到眼睛长在头两侧的动物会有什么样的感觉。

活动准备

- ◎ 纸
- ◎ 铅笔
- ◎ 浅色球

1 在纸上画上如下所示的表格，用来记录结果。

2 在白天，拿着球和表格到户外去。将球向上抛到空中，当球落下时接住它。数一数你抛了几次才能接住 10 次球。将这个数字记录在表中。

3 然后闭上一只眼睛，将球向上抛到空中，当球落下时接住它。数一数你抛了几次才能接住 10 次球。

4 在黑暗处重复以上试验。先双眼睁开，然后闭上一只眼睛。

5 看一看你的表格。你在明亮处抛的次数多还是在黑暗处抛的次数多？是双眼睁开抛的次数多还是睁一只眼闭一只眼抛的次数多？这个活动教会了你什么是深度觉了吧？

照明及眼睛状况	接住球 10 次需要抛球的次数
明亮——双眼睁开	
明亮——一眼睁开	
黑暗——双眼睁开	
黑暗——一眼睁开	

活动：轮廓与影子

活动准备

- 手电筒
- 桌子
- 空白墙壁
- 白纸
- 胶带
- 玩具布偶
- 蜡笔
- 铅笔

学会怎样用玩具布偶和你的双手制造动物轮廓和影子！

1 将手电筒放在离墙壁距离约1米多远的桌子上，灯光朝向墙壁。如有需要，你可以调整手电筒离墙壁的距离。

2 打开手电筒，看看光照在哪里。将一张纸贴在墙上，让手电筒照到纸上。

3 将一个玩具布偶放在手电筒和墙壁之间。你走到墙壁边，并朝灯光方向观察玩具，你看到的黑暗形状就是它的轮廓。然后走到玩具后面，朝墙壁方向看，你在墙壁上看到黑色形状就是影子。将玩具移近墙壁，影子是变大还是变小？

4 调整玩具和手电筒位置，使影子整个都投在纸上。用蜡笔描出影子的边缘。用同一颜色给影子上色，在纸的背面写上动物的名称。

轮廓

影子

5 每画完一张玩具布偶的影子，贴一张新的纸在墙上。

6 所有玩具的影子都画好后，关掉手电筒。到明亮的地方把这些纸打乱。你能从这些影子辨别出每个玩具布偶吗？帮助你辨别的线索是什么？

试试看

手影木偶

　　做有趣的手影木偶只需一个手电筒和你的双手就够了。你甚至可能对怎么做已经略知一二了吧。试试做个天鹅吧！

　　弯曲左手肘和左手腕。将左手的指关节拱起形成勾状，这就是天鹅的脸。大拇指和食指接触，形成一个洞，这就是天鹅的眼睛。张开右手的五根手指，把右手放在左手肘的后面，这就是天鹅的羽毛。

试试看

汪汪汪

3.聆听夜晚

呜！呜！

嗷呜　嗷呜　嗷呜

啾啾
啾啾
啾啾
啾啾

喵呜

你是否曾经注意到，即使你在一个"安静"的地方，夜晚也是那么嘈杂？你可能听不到人类发出的噪音，但可以听到许多其他声音！还有一些夜晚的声音可能你根本听不到。了解外面到底正在发生什么，能帮助你知道声音是怎样发出的，耳朵是怎样捕捉到声音的。

把你的手放在喉咙上然后讲话，你会感觉到它在**振动**。这些振动产生**声波**，声波可以在空气和水中传播，甚至也可以在墙壁、桌子或土壤等固体中传播！

词汇单

振动： 非常迅速的前后移动。

声波： 你听到的以声音表现出来的不可见振动。

波长： 声波的间距。它等于一个声波的最高点到下一个声波的最高点之间的距离。

频率： 每秒钟通过一个特定点的声波数。

声波以不同的大小，或**波长**传播。声波间距小的话，我们听到的声音就高。声波间距大的话，我们听到的声音就低。

你知道吗？

声音在水中传播的速度比在空气中快 3 倍。声音在水中能传播到很远的地方，鲸可以在相距 160 千米的地方听到对方。

不同的动物发出和接收不同波长的声波。蝙蝠和昆虫发出非常短的声波。这些高**频率**的声波形成的高音人耳是听不见的。大象和鲸发出巨大的低频率声波。这些声波形成的深沉低音人耳也听不见。人类发出的声波是中等波长的。

开心一刻！

我有一个朋友，认为她自己像猫头鹰一样，是个夜间活动者。哪个朋友？

就让她和猫头鹰做朋友吧！

33

耳朵是如何工作的

你听得有多清楚很大程度上取决于你听的方式。你看到的位于头部两侧的耳朵只是外耳的一部分。你耳朵的大部分是在头的内部。那里有**耳膜**，中耳骨的三块听小骨以及内耳中一些充满液体的骨螺旋管。

耳膜是一层很薄的皮肤组织，紧绷着就像一面鼓。声波穿过你的外耳抵达耳膜时，耳膜会发生振动。这些振动会传到三块听小骨上，然后再传给内耳管里的液体。这些运动触动**神经**，神经再将信号发送给大脑。大脑将信息汇集成声音，这就是你如何听到声音的过程！

词汇单

耳膜： 紧绷的皮肤组织，将中耳和外耳隔开。

神经： 聚集在一起的一群细胞，状如细线，将信息传送给大脑。

耳郭： 收集耳边声波的皮肤及软骨结构。人类有两个耳郭。

软骨： 鼻子和耳朵的坚硬但灵活的部分。

大多数哺乳动物的耳朵都有**耳郭**。耳郭由形状有趣的皮肤和**软骨**组成，你一般将其称为耳朵。耳郭是用来收集声波的。狗、猫、马、老鼠、蝙蝠和大象的两只耳朵都有耳郭。

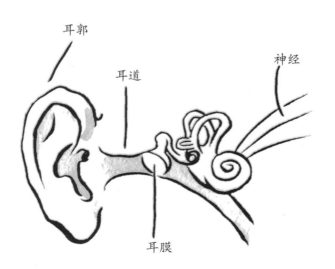

耳郭

耳道

神经

耳膜

有些动物的头两侧只有两个孔，如鸟类和海豹。有些动物的耳膜长在皮肤的上面，如蛙类、蜥蜴和昆虫等。还有一些动物根本就没有外耳，如蛇类。

耳朵上的耳郭收集声波，并将其传送到耳道里。如果声音来自你的后方，耳郭会挡住声波。为了听得清楚些，你得转过头去。许多动物可以转动单个耳郭。猫可以将单个耳郭转半圈而不用转动头部。兔子可以将单个耳郭旋转将近四分之三圈。

你知道吗？

当你想听得清楚些，就把你的耳朵朝向声音，并用手在耳后围成杯状。这会使你的耳郭变得更大，有更多的空间来收集声波。

助听器的演变史

有很多类型的助听器帮助人类和动物听得更清楚，这些助听器有天然的，也有人造的。猫头鹰可以把脸部的羽毛围成一圈，将声音传送入耳朵。公驼鹿的角可以使声音向下传送至耳朵。人们自从史前时代就开始制作助听器了。最早的助听器由挖空的牛羊角制成。后来，人们用海贝、金银以及其他动物的角做成圆锥状的喇叭助听器。喇叭助听器在19世纪非常流行，成为了一种时尚象征，就像今天的首饰或手机一样。

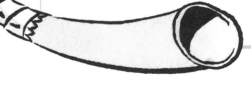

夜行动物靠听觉

大多数动物都有很好的听力。为了抓住每个声音，它们的耳朵一直在动。动物为了生存要有好的听力。它们用听力觅食、躲避被捕食的危险并寻找同类。

蝙蝠是一种夜行动物，它们用耳朵的方式与众不同。世界上有超过1200种不同的蝙蝠。有些蝙蝠以水果为食，有些吃植物汁液，有些则吸血。每种蝙蝠都有自己的觅食方法，吃昆虫的蝙蝠用耳朵寻找食物。

食虫蝙蝠在飞行过程中会发出许多高频的叫声。这些声波在空气中传播，遇到物体会反弹。有些声波会折返到蝙蝠的耳朵里。这种声音的前后折返被称

词汇单

◎**声定位：** 通过发送声波并聆听反弹回来的声波来找到物体。

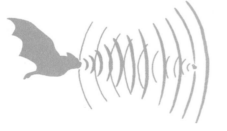

为**回声定位**。蝙蝠听到这些声音后，就会朝反弹声波的方向飞去。它们会不断地尖叫和聆听，直到找到它们的盘中餐为止。

你知道吗？

帕拉斯长舌蝙蝠以植物汁液为食。在古巴，有些植物的叶子形状很特殊。这些叶子就像碟形卫星天线一样，当蝙蝠在这种植物附近发出声音，声音就会从叶子反弹回蝙蝠的耳朵，帮助蝙蝠找到植物。

声　呐

回声定位的另一版本叫声呐。声呐意为声音导航和测距。声呐常常可以用来搜寻水下的物体，海豚和鲸在觅食及航行时更多地是用声呐而不是视觉。然而，人类也同样使用声呐。早在 1490 年，达·芬奇就写过关于聆听水下声音的文章。他提出将管子的一端固定在水下，另一端置于耳边，听遥远的船只发出的声音。400 年后，科学家们开始研究水下发声。电子"耳"可以听到任何反弹回来的声波。反弹声波的数量和速度帮助使用者了解物体的距离，运动速度和方位。军事上也用声呐来搜寻潜艇及绘制海底地图。大小船只可以用声呐探知水的深度，从而避免撞上隐藏在水下的物体，达到安全航行的目的。

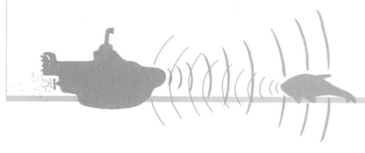

有些蝙蝠会用声音寻找食物，而所有蝙蝠都会用声音互相交流。它们发出的声音音高大都太高，我们听不见。但是，许多夜行动物发出的声音我们是可以听见的。雄性动物在寻找伴侣时往往会发出叫声。动物父母和它们的子女用声音呼唤对方。动物会用声音发出警告，让其他动物不要进入它们的领地。你一旦了解了周围的动物声音，你只要用耳朵就可以判断户外有什么动物。

聪明的飞蛾

有些飞蛾具有特殊的听觉细胞和"耳朵"，可以听见蝙蝠发出的声音。这些飞蛾会试着欺骗蝙蝠。如果鹰蛾听到低音调的蝙蝠叫声，它会盘旋向上飞行或者干脆飞远。如果鹰蛾听到音调很高的声音，它就知道蝙蝠正在接近。这时鹰蛾就会"装死"，直接掉到地上。而虎蛾则会发出蝙蝠听得见的信号来迷惑蝙蝠。后翅蛾可以在蝙蝠接近时提高自己耳朵对蝙蝠声音的敏感度。那么，当蝙蝠非常靠近时，后翅蛾会加速俯冲，逃之夭夭。

夜晚的声音

大多数夜行动物会在一年的不同时节发出声音。在夏日的黄昏，你可以听到蟋蟀的叫声。在秋冬的黄昏，有些猫头鹰会叫上好长时间。而蛙类则会在初春时鸣叫。山狗好像要等到天完全黑了才会发出吠声和嚎声。三声夜鹰是一种在夜间活动的乡间小鸟。从仲春到夏末它们都会整夜地叫唤。

唧唧　　唧唧　　唧唧

在不同的地方，你夜晚听到的动物叫声也是不同的。你不会在城市里听到狐狸的叫声，也不会在沙漠里听到雨蛙的叫声。蟋蟀则既生活在城市又生活在乡村。它们从夏天一直唧唧地叫到第一次霜冻。它们的叫声从地下室、车库、垃圾桶后、树叶和圆木下传来。

夜鹰也是在城市和乡村都有生存。夏日的夜晚，当你听到一种像轰炸机一样的声音，你可能会看到一只夜鹰俯冲向一只昆虫。这种声音是夜鹰向食物俯冲时翅膀发出的。想知道夜鹰鸣叫的声音，你可以捏住鼻子，说"品特"。

许多在夜间鸣叫的动物会一遍又一遍地发出鸣叫。叫声最大的动物往往是寻找伴侣的雄性。北美雨蛙是有名的夜间歌唱家，它是一种只有你拇指这么大的小型蛙类。雄性会发出高昂的"啾啾声"，它们会在初春时鸣叫，向雌蛙展示它们可以做个好爸爸。雄蛙越壮，发出的啾啾声也越多。有些雄蛙可以在一小时内鸣叫4000次。那比每秒叫一次还多得多！而且它们会鸣叫一整夜！

试试看

学做一个雨蛙

在微波炉上定时 60 秒，发出高昂的"啾啾"叫声，每秒钟一次，持续一分钟。如果这太简单，你可以试着每秒一次地叫上 5 分钟。想象一下，数小时不停地这样叫会是什么感觉！

试试看

活动：谁在咕咕叫

猫头鹰怎么叫？有些猫头鹰咕咕叫。还有些猫头鹰会嘟嘟叫、咔嗒咔嗒叫、尖叫甚至嘶叫。即使是咕咕叫的猫头鹰也会有不同的声音和节奏。长耳猫头鹰会发出不连续的刺耳咕咕声。横斑林鸮的叫声通常由四声短的咕咕，再四声短的咕咕和一声低长的咕咕组合而成。

1 在每个瓶子里倒水，到大约 2.5 厘米高。

2 像要亲吻一样唆起嘴唇，将嘴唇靠近一个瓶子的瓶口处，不要把瓶口堵住。向瓶口吹气，直到发出咕咕声。

3 对每个瓶子都重复做一遍，注意声音是否不同。适当加一点或倒掉一点水。

4 聆听户外，包括城市公园里猫头鹰的叫声。试着将猫头鹰的叫声和你制作的声音相匹配。如果你制作的声音很接近猫头鹰的叫声，真的猫头鹰可能会飞过来看看是谁在叫！

咕咕咕咕

5 录下你制作的猫头鹰叫声，反复聆听试验，尽量把声音做得更逼真些。

40

活动：青蛙的歌声

在夜晚听到青蛙的叫声很容易，要看到它们却很难。雄性青蛙会从黄昏叫到黎明。从初春到整个夏季都可以聆听到青蛙的叫声。因为这段时间里水池和水坑里可能会有水，青蛙和蟾蜍要在有水的地方产卵。当你听到每一次蛙叫声时，记住在你的夜晚时钟上做记录。

1 用铅笔在纸杯的底部戳一个洞。

2 切断橡皮圈后得到一根长的橡皮筋。将橡皮筋一端穿过杯底的洞。

3 将杯子倒置，将橡皮筋的一端系在回形针上，回形针在杯子的外面。

4 用一只手拿着倒置的杯子，用另一只手拉橡皮筋。把大拇指弄湿，沿着拉长的橡皮筋上下摩擦，会发出像梭子蛙一样的声音。四月末到六月间，你可以聆听到梭子蛙的叫声。

5 每只手的拇指和食指间各拿一块大理石。快速地碰撞两块大理石，会发出像蟋蟀雨蛙一样的声音。五月到七月你可以聆听到蟋蟀雨蛙的叫声。

6 录下你制作的蛙声，欣赏聆听你的"梭子蛙"和"蟋蟀雨蛙"的叫声。

活动：会唱歌的蝈蝈

词汇单

霜：夜晚空气中的水在低温表面凝结成的微小冰晶。

蝈蝈和蝉是两位最喧哗的昆虫歌手了。你从六月末开始到第一次霜冻为止都可以听到它们的歌唱。你很容易听到蝈蝈叫，要看到它们却很难。它们生活在树木茂盛、灌木丛生的森林或田野里。它们呈棕色或绿色，翅膀看上去就像树叶一样。夏末时分，它们摩擦两片前翼的边缘，发出唧唧—唧唧的声音。其中一个翅膀的边缘就像梳齿，另一个翅膀的边缘就像一个棍子刮着梳齿。

1 拿起一把梳子，梳齿向上。

2 用一根棍子在梳齿尖端快速来回摩擦。

3 录下你制作的蝈蝈叫声。

开心一刻！

蝈蝈最喜欢什么活动？
斗蟋蟀

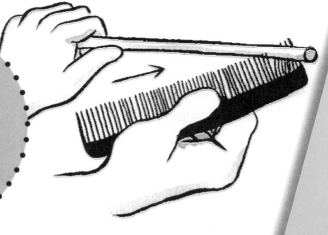

活动：会唱歌的蝉

蝉生命中的一部分时间在地下度过。它们爬到树根上钻孔，吸取树的汁液。夏天，蝉的幼虫会爬到地面上来，当它们背部的硬壳裂开时，带有翅膀的成虫就会从壳里钻出来。这些成虫会伸展翅膀，飞到树上。六月到九月的午后，雄性蝉会开始歌唱。它们是通过挤压一种叫做鼓室的特殊皮肤来发声的，这种鼓室长在蝉身体的两侧，体内外都有。它们会一直唱到天黑。

活动准备

- 婴儿食品罐或其他罐子上的金属盖子

- 录音设备，如智能手机或带有话筒的电脑

你知道吗？

蝉可以在一秒钟内将鼓室伸缩 50 次！

1 将金属盖放在桌上，向下挤压盖子中部的按钮，让它砰地弹起来。

2 尽可能快地按动盖子上的按钮，你会听到像蝉鸣般的声音。

3 录下你制作的蝉鸣声。

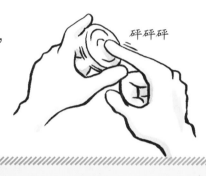

砰砰砰

试试看

举办夜间合唱会

当你录好了你的猫头鹰叫、青蛙叫、蝈蝈叫以及蝉鸣后，让你的家人和朋友猜猜看，到底是哪种动物在叫。教会他们制作叫声的方法，然后在一间黑暗的房间里，一起播放，举办一场真正的夜间合唱会！你也可以将所有不同的叫声制作成一张音乐唱片。

试试看

活动：为耳朵干杯！

活动准备

- 声音嘈杂的地方，如有收音机和电视播放的房间，且开着窗让外面的声音传进来
- 两张复写纸
- 剪刀
- 胶带

为什么许多动物的听力比人类的好，请找出两个原因。

1 找一个地方，打开收音机和电视机，再打开窗户，你身处的环境有很多噪声。

2 从每张纸上裁下一条纸带，把两条纸带用胶带粘在一起，做成一条长纸带。把剩余的纸暂时放在一边。

3 将纸带绕在头部，覆盖双耳，纸条的两端用胶带粘在一起。

4 闭上眼睛，慢速转三圈。在闭着眼睛的状态下，说出一个噪声源，并用一只手指向声源。在闭着眼睛的状态下，说出另一个噪声源，并用另一只手指向声源。睁开眼睛，看看你是否正确指对了噪声制造者。

5 将剩余的两张纸卷成两个圆锥。每个圆锥的顶端留 2.5 厘米的开口。圆锥的底部要尽可能宽。将纸的两边用胶带粘在一起，固定圆锥的形状。

开心一刻！

一只耳朵告诉另一只耳朵什么秘密？

我们俩之间有个大脑！

6 保持嘈杂的状态，闭上眼睛，原地转三圈。在闭着眼睛的状态下，将两个圆锥小的一端分别放在两只耳朵附近。上下移动圆锥，它们如何改变了你的听力？

班级交流：请老师在班级里做这个实验。同学们发出的嘈杂声和其他噪声混合在一起。让每一个学生各自制作大小各异的圆锥状耳朵。记录下有多少学生能正确地辨别出声源，有多少学生不能。最大的挑战是什么？圆锥的大小是否会影响学生辨别声音的能力？为什么有些动物的听力比人类的好？

不相上下的双耳

我们的耳朵通常位于头两侧大致相同的位置。但大多数猫头鹰的两耳却长在不同的高度上。棕榈鬼鸮的右耳长得高，左耳则长得低。下面来的声音先抵达左耳，而上面来的声音则先抵达右耳。这可以帮助猫头鹰在看不清的情况下也能捕食。

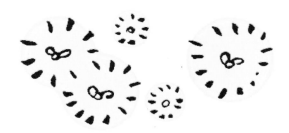

活动：米尺的声音

任何使周围空气运动的物体都会发出一个声音。声音是你耳朵能察觉到的空气波动。

1 将米尺平放在桌上，将米尺的一端伸出桌子边缘 10 厘米。用一只手将桌上的米尺按住使其不会移动。

2 另一只手的拇指按在米尺在桌面上的一端，然后沿着米尺滑动拇指，一直滑过悬空在桌外的另一端。观察并聆听米尺发出的声音，这种声音是高音还是低音？是高频率的还是低频率的？你觉得声波是短还是长？

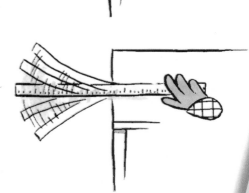

3 现在将米尺移出桌子边缘达 50 厘米。按下拇指再次滑过尺的悬空端，注意观察和聆听。尺的悬空端比第一次时振动得更快还是更慢？振动的幅度是更大还是更小？发出的声音是高音还是低音？是高频率的还是低频率的？

4 将米尺进一步向外移，80 厘米悬空在桌外。再次按下并放开尺的悬空端，注意观察和聆听。你还能听到尺发出的声音吗？

活动：蝙蝠和昆虫

大多数的蝙蝠不是真的"眼盲"，但此游戏中蝙蝠的扮演者是不能用眼睛的，这就会考验他们的回声定位能力了！

1 用绳子在地上围成一个圈，这就是蝙蝠和昆虫所在的洞穴。

2 每个人手拿两根棍子。一人扮演蝙蝠，用眼罩将眼睛蒙住，原地转三圈。蝙蝠在原地打转时，昆虫的扮演者在洞穴中选择一个地方站立。

3 蝙蝠转完后要敲击手中的两根棍子。每次蝙蝠敲击时，昆虫也要敲击自己的棍子，作为回音。蝙蝠向回音的方向走去，而昆虫则不能移动到其他地方，但可以上下左右敲击棍子。

4 蝙蝠不停地敲击棍子，直到抓到昆虫为止。昆虫抓到后，互换角色再玩一次。

5 为了使游戏更好玩，再玩一次游戏，这次可以允许昆虫在洞穴内随意走动。

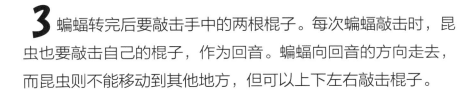

咔嗒

4. 嗅探夜晚

嗅觉对大多数动物而言都是一个非常重要的知觉，特别是在夜晚。动物有时不想被看到或听到，但任何动物都需要和其他动物**交流**。有时需要和家族成员保持联系以免掉队，有时需要告知某些动物不要靠近。然而，如果想销声匿迹的话，它们又怎样交流呢？就用气味！

词汇单

交流：用声音、语言、动作等方式分享信息。

动物是怎样制造气味的呢？动物体内有很多**腺体**。腺体是动物体内的小囊体。每种腺体都有特殊的功能。腺体可以产生唾液、眼泪、汗水以及许多身体所需的其他物质。当然也有制造气味的腺体。

你能闻到那种气味吗？

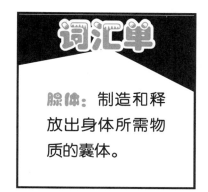

词汇单

腺体：制造和释放出身体所需物质的囊体。

你看到过猫靠着物体摩擦脸部吗？这是将脸部腺体分泌出来的气味擦到物体上。鹿的腿上和趾间长有制造气味的腺体。人类的腋下也有制造气味的腺体。臭鼬以及它们的近亲，包括黄鼠狼、水獭、雪貂等在尾巴下面长着制造气味的腺体。

许多动物可以制造一种以上的气味。它们会制造气味来标记它们的家园，这些气味通常来自它们的尿和粪便。这些气味很重，不会传得很远。它们也会制造其他气味来寻找同类。动物用气味来寻找伴侣时，会发出很轻的能在空中飘散的气味。这样，即使动物之间相距较远，它们也可以找到对方。臭鼬和一些蛇会制造出很强烈的气味，防止其他动物捕食它们。

开心一刻！

你怎样让臭鼬停止释放臭气？

塞住自己的鼻子！

呼哧呼哧

词汇单

化学物质：具有某种特征，能和其他物质发生反应的物质。

触角：昆虫头部的两根可活动触须之一，主要用来感知气味，也可以用来感知触觉、温度、声音以及味觉。触角往往有多种功能。

大多数哺乳动物用鼻子来闻气味。形成气味的**化学物质**抵达鼻子深处的特殊细胞。这些细胞会向识别气味的大脑区域发送信号。有些动物，例如蛇和大象，在嘴的顶端也有特殊的嗅觉区域。

鼻子长而湿的动物往往会比鼻子短而干燥的哺乳动物拥有更好的嗅觉。长鼻子为特殊的嗅觉细胞提供了更多的空间。有些狗的嗅觉会比人类的嗅觉灵敏1000万倍！这并不是说它们可以闻到1000万种我们不能闻到的气味，而是说微量的气味它们就能觉察到。

昆虫用**触角**或足部感知气味。有些飞蛾长着像羽毛一样的巨大触角，这些触角使飞蛾对某些气味特别敏感。雌蚕蛾会释放特殊的气味，让雄蚕蛾找到它们。雄蚕蛾在9.5千米远的地方也可以闻到这种气味。

尽管人类的嗅觉不是最好的，但我们的鼻子还是可以识别 1 万种左右的气味。你还可以教你的鼻子怎样更好地工作。

怎样才能把新技巧教给你的鼻子呢？你越多地使用嗅觉，它就会越灵敏。每天闻闻你的浴巾，闻闻你的袜子，闻闻你的手套，闻闻地毯，闻闻面包，闻闻花朵、

你知道吗？

科学家们发现亚洲象和 140 种飞蛾可以用同一种气味交流！

土壤以及水，闻闻你的食物，闻闻你的饮料，白天晚上都闻。晚上气味似乎比白天更强烈些，这主要是因为夜晚你不能依赖眼睛，于是你开始重视你的其他知觉了。

试试看

湿润嗅觉测试

还有一个原因可以解释为什么晚上你的嗅觉更好。水不只是湿润你的鼻子，还可以使你的嗅觉更加灵敏！夜晚的空气中往往有更多的水分。

✳ 到户外去闻一闻周围的空气。然后，回到室内喝点水。闭着嘴巴再到户外用鼻子深呼吸。感觉一下你是否可以闻到更多的气味。

✳ 将罗勒或肉桂等香料倒在一只手中，闻一闻。把一根手指浸入水中，然后用此手指湿润你的鼻根，再闻一下香料。从水龙头里用一个杯子接一杯最热的水。把鼻子凑在上面，呼吸一下，然后再闻一下香料。以上三次哪一次香料的气味最浓？

气味终结者

有时候你不想闻到夜行动物的气味，也不想让夜行动物闻到你的气味。比如，蚊子就以你的气味为线索找到你。不想被叮咬的话，你可以在身上喷一些驱蚊剂。驱蚊剂由不同的化学物质混合而成。有些驱蚊剂试图把你的自然气味覆盖住，还有些驱蚊剂让蚊子的嗅觉细胞不起作用。

驱蚊剂并非完美，它们似乎对有些人不起作用，有些人则不喜欢驱蚊剂的体感或气味。几小时后，驱蚊剂会挥发掉，不再起作用。你在抓青蛙、蟾蜍、蝾螈前不要往手上喷驱蚊剂。这些动物靠皮肤呼吸，因此对化学物质非常敏感。

你知道吗？

只有雌性蚊子才会吸血。它们产卵需要血液作为食物。雄性蚊子是以花露为食的。

有些人很幸运。蚊子好像不喜欢他们的气味。科学家们让这些人睡在特殊的气味收集袋里，然后科学家们会致力于研制并检测他们发现的化学物质。他们希望研制出比现有产品更安全、气味更好、效用更长的驱蚊剂。

在新驱蚊剂生产出来之前，用下述技巧可以不用化学物质且少受蚊子叮咬。

✳ 穿浅色的衣服。

✳ 夏天不要在黄昏和黎明外出，这是蚊子最为活跃的时间段。

✳ 保持安静少动。蚊子可以感知体热、汗水和二氧化碳。而当你活动时所有这些指标都会升高。

臭鼬气味沾不上

还有一个有关气味的秘密有必要了解一下。如果你被臭鼬喷了一身该怎么办？很多年来，人们一直用番茄汁清洗被臭鼬喷过的宠物，来摆脱臭味，但这种方法起不了多大作用。后来一位科学家发现了一种新的除臭配方。这种方法效果好得多，而且所需的配料你在大多数杂货店都能买到。只能在需要时才制作这种混合液，并且不要用瓶子储存它，因为它会产生很多气泡，把瓶盖崩开。

在一个大碗里，将 1.14 升 3% 浓度的过氧化氢、四分之一杯的小苏打、两茶匙的碗碟洗涤剂混合在一起。混合物会开始起泡沫。把这种泡沫水涂在被臭味污染的皮肤表面，保持 5 分钟，然后用清水将其冲洗干净。

词汇单

捕食者： 捕捉其他动物为食的动物。

猎物： 被其他动物捕食的动物。

除了我们人类，动物也会尝试迷惑其他动物的嗅觉。**捕食者**，例如狼会在身上滚上它们想要猎食的动物的排泄物。这样的话，狼就可以偷偷地接近它们，不会因自己的气味使它们逃之夭夭。**猎物**也会用同样的技巧，有些地松鼠会让自己蹭上蛇皮的气味，这样蛇就不大会来捕食它们了。与有些动物用其他气味迷惑捕食者不同，初生的鹿崽根本就没有气味。它们一动不动躺在地上时，捕食者很难发现它们。

你知道吗？

大角枭是少数几种会吃臭鼬的动物！它们的眼睛占据了头部太多的空间以至于头部没法容纳嗅觉器官。

享受夜晚的气味

每个季节都到户外享受一下夜晚的气味。用鼻子深呼吸，你的嗅觉在黑暗处会更灵敏。

一个在夏夜享受气味并引诱飞蛾的好方法是开垦一个夜间花园。有些植物只在夜间开花，它们的花朵往往是白色的，很显眼。许多夜间开花的植物有很强烈的气味，这有利于飞蛾和蝙蝠在黑暗中找到它们。

活动：飞蛾诱饵

飞蛾用它们极好的嗅觉来寻找食物和同类。大多数飞蛾的食物是花露、植物汁液、腐烂水果的果汁。因此，要混合一份气味浓重的飞蛾食物并不难。用这种食物引诱飞蛾前往你设定的地点。

活动准备

- 熟过头的香蕉
- 带有盖子的塑料桶
- 勺子
- 果汁
- 糖
- 糖浆
- 宽油漆刷

1 将香蕉去皮，放在塑料桶内，用勺子将其捣成糊状。加上 5 勺果汁，2 勺糖，1 勺糖浆，将其搅拌在一起，盖上桶盖，在温暖的地方放置两天以上，让这个气味变得非常浓烈。

2 在天快要黑时，带着装有飞蛾诱饵的桶和油漆刷来到户外。用刷子蘸上这种黏乎乎的东西，将其涂抹在树木或电线杆的表面，高度齐胸。有裂纹的粗糙表面涂抹糊状诱饵的效果最好。涂抹面积约 12.5 平方厘米见方，邻近的两棵树或电线杆上都要涂。完成以后，离开此地。

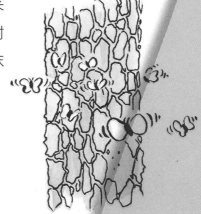

3 天黑后 15 分钟，悄悄地来到诱饵处。先不要打开手电筒，直到靠近涂抹过的枝干。将手电筒置于涂抹处下方，打开手电筒向上照射。如果没有看到飞蛾，去下一个涂抹处看看。

4 在夏天，可以多做几次这种在树木或电线杆上涂抹飞蛾诱饵的活动。哪种树上的飞蛾最多？夏天引诱到的飞蛾多还是秋天引诱到飞蛾多？你发现了多少种不同的飞蛾？把结果记到你的夜晚时钟上。

活动：夜间花园

活动准备

- 塑料桶或花盆
- 泥土
- 种子或幼苗
- 水

如果你生活在四季温暖如春的地方，你一年到头都可以找到夜间开花的植物。如果你生活在冬天寒冷的地方，你可以在夏季享有夜间花园。

1 看看下一页的表格，从中找到一种和桶或花盆大小匹配的植物。最容易得到种子或幼苗的季节是春天。

2 如果你用的是塑料桶，在桶的底部戳几个洞。在桶和花盆里装满泥土。

3 按照种子包装或幼苗标签上的说明操作。你要记住，即使这些植物在夜间开花，它们的生长仍需要白天的阳光。干旱时给植物浇点水。

4 如果可以的话，将植物置于户外。每当它们开花时，观察植物，看看有没有夜间拜访者。

5 当一棵植物正要开花时，试着跟它开个玩笑。在白天将植物搬到黑暗的壁橱或房间里。看看它会开花吗？夜晚在植物上照射明亮的灯光。看看花会合上吗？

植物	描述	照料	场所及大小
月光花	花朵大而白，在夜间开放，闻起来有点柠檬味。	置于阳光下。抗旱。	不适合种在小盆里。喜欢攀爬。需要很大空间。
月见草	花朵大而黄。	置于阳光下。无须特殊照料。	容易生长，可以种植在中等大小的盆里。每年都会重新发芽。
夜夹竹桃	花朵小而白。花香极浓烈。	置于阳光下。少浇水。	容易生长，可以种植在中小号的盆里或花园里。
夜紫罗兰	紫色小花。花香浓烈。	置于阴凉处。喜欢凉爽的天气。	从小盆到花园边，适合种在任何地方。

班级交流： 在白天、夜晚以及夜间有动物拜访时，给你的夜间花园拍照。将照片和同学们分享。带一株夜间开花植物到班级来，让同学们在黑暗处用光照射该植物，这样你的同学就可以亲眼看到开花的情景了。

活动：气味的传播

活动准备

- 日志、尺、铅笔
- 3个茶包
- 3个高杯
- 冰箱
- 6个小标签（彩色别针、瓶盖、或鹅卵石）
- 卷尺
- 很烫的水
- 冷水
- 两个电风扇

用茶包来发现动物是怎样将它们的气味传得最远的。请大人帮你烧热水、倒热水。

1 在你的日志中，用尺和铅笔做一个四行三列的表格。将第二列命名为明亮，第三列命名为黑暗。第一列从第二行开始，依次命名为干燥、温暖、有风。

	明亮	黑暗
干燥		
温暖		
有风		

2 闻一闻干燥的茶包，每个杯子里放一个茶包。将一个杯子置于光线充足的环境，第二个杯子置于黑暗处，第三个杯子放在冰箱里。将所有的杯子都放置好后，离开它们5分钟。

3 将小标签拿在手里或放在口袋里，回到你放第一个杯子的明亮环境，走向杯子，一闻到茶味就在地上放一个标签。测量杯子到标签的距离，将结果记录在你的日志中。对黑暗处的第二个杯子重复以上过程。

4 请一个大人往前两个杯里的茶包上倒上滚烫的水，水深7.5厘米。将第三个杯子拿出冰箱，往杯里的茶包上倒上冷水，水深7.5厘米。

呼哧呼哧

5 观察茶的颜色在水中如何扩散，与此同时，茶也在扩散自己的味道和气味。茶在热水中扩散得快还是在冷水中扩散得快？将前两个杯子分别放回明亮处和黑暗处。再离开5分钟。

6 再次走回到第一个杯子，一闻到茶味就在地上放一个标签，测量杯子到标签的距离。对第二个杯子重复以上过程，将结果记录在你的日志中。

7 用两个电风扇分别吹两个装有热水的杯子，离开5分钟。

8 走回来，再次一闻到茶味就在地上放一个标签，测量每个杯子到标签的距离。将结果记录在你的日志中。

9 看看日志上的结果。在黑暗中闻到茶味时距离远还是在明亮处闻到茶味时距离远？为什么？动物的气味在热空气里传得远还是在冷空气中传得远？在静止空气里传得远还是在风中传得远？

5. 感受夜晚

感受夜晚的"感受"是什么意思呢？它不是指你的情绪——如高兴或兴奋，而是指注意皮肤正在告诉你的感受。皮肤是你身体最大的**器官**，其重量在 3 到 4.5 千克之间。

词汇单

器官：具有特殊功能的身体组成部分，如心脏、肺、大脑以及皮肤。

大多数时候，你会忽视你的感觉。实际上你不会感觉到身上穿的衣服，除非衣服太紧或表面太粗糙。你不会感觉到空气是干的还是湿的，除非在下雨。

夜晚科学家需要从所有感官收集信息。皮肤可以告诉你眼睛看不到的，耳朵听不到的，鼻子闻不到的，嘴巴尝不出的东西。你不能听到外面有多温暖，你尝不出地面是否光滑。你需要触觉。

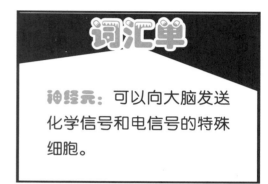

词汇单

神经元：可以向大脑发送化学信号和电信号的特殊细胞。

你的触觉因为神经才能工作。构成神经的纤细丝状的特殊细胞叫做**神经元**。感觉神经元使你产生触觉，你身体的皮肤下无处不存在着感觉神经元。

你碰触物体时，那一点的感觉神经元会发送出化学信号和电信号，这些信号会沿着神经传递，最终抵达大脑。大脑接受并使用信息，从而帮助你辨别物体。大脑也会根据信息向肌肉发出信号。如果你触碰到会烫伤你的灼热东西，你的大脑会说："快跑！"

如坐针毡

你的手或脚是否曾经"睡着过"？你长时间压迫某个部位会产生刺痛感。这是因为压迫的时候，你也挤压了神经，它们就不能把信号传送到大脑了。大脑也不会传送信号给神经或肌肉。你最终放开挤压时，神经会仓促地重新运作起来。由于信号紧急，它们会迅速地将一连串信号传送给大脑，告诉大脑它们在运作。这些瞬间传来的加急信号会使你产生如坐针毡般的奇怪感觉。

皮肤的感觉主要有四种类型，即冷、热、触、痛。将这些感觉组合在一起，大脑还会感觉到物体是软的、硬的、光滑的、粗糙的、干燥的还是潮湿的。你是否还没看就感觉到一只苍蝇停在你手臂上？或者感觉到一匹马把热气呼在你的脖子上？或许当你沿着黑暗小道步行时，一头撞进蜘蛛网会感到它黏黏的丝。当感觉到一个冰锥落到你头发上时，触觉就告诉你冬天快要结束了。你的感觉神经整日整夜地勤奋工作着。

更好地感知

除了皮肤外，大多数夜行动物身上还有额外的感官。蝈蝈、萤火虫和其他昆虫用头顶上的触角来感知。猫头鹰和夜鹰的喙旁边长着稀疏的毛发状羽毛。

词汇单

髭：浓密坚硬的毛发，其根部有特别多的触觉感应器。

大多数哺乳动物在嘴和鼻子边长有特别长而浓密的毛发，这叫**髭**。鼯鼠在嘴巴、眼睛及前爪周围都长有髭。有些蝙蝠甚至在臀部也长有髭！

额外的触觉器官，无论是髭还是触角，都对空气运动非常敏感。髭的摆动提示动物正在靠近某物，或者某物正在

移动，尽管它看不见。老鼠、负子袋鼠以及鼯鼠可以摆动髭来帮助它们辨别物体的形状和大小。它们的髭非常敏感，几乎就像另一套手指！

你知道吗？

有些人把男性嘴边、面颊以及脖子上长的毛发称作胡须。虽然人类身上所有毛发的根部都有感觉神经元，但是男性脸部的毛发远不如许多动物的髭敏感。

为什么动物需要这些额外的感觉器官呢？想象一下你在一个黑暗的房间里爬行。如果手脚都撑在地板上，最先碰到椅子或墙壁的身体部分应该是你的头。哎唷！额外的感觉器官可以让你感觉到前面及两侧的物体，你就不会撞上它们。

词汇单

湿度：空气中的水分含量。

感 知 湿 度

夜晚外出时，你可能会注意到有潮湿的感觉。这是因为**湿度**上升了。低湿度意味着空气中水分很少，沙漠里大部分时间都是这样的。高湿度意味着空气中有很多水分，雨林中就是这样的。空气所能容纳的水气量取决于空气的温度。热空气比冷空气能容纳更多的水气。夜晚，气温下降。当空气变冷时，它会释放出水气，使得空气感觉更潮湿。

词汇单

凝结：水蒸气聚在一起形成小水珠。

露水：夜间潮湿空气遇冷形成的水珠。

这些空气释放出的水蒸气会**凝结**在一起，在玻璃、叶子、汽车以及其他低温物体表面形成小水珠。这些小水珠的形成叫做凝结。当潮湿空气在夜晚变冷时产生凝结生成**露水**。如果夜晚空气的温度很低，这些小水珠就会形成冰晶，叫做霜。

感知热度

试试看

找五枚不同年代制造的硬币。将四枚硬币放在一个袋子中。看清楚第五枚硬币的制造年代，将其握在拳中达两分钟。然后将此硬币也投入袋子中，摇晃袋子三次。把手伸进袋子，拿出你觉得最温暖的硬币。这是你刚才握在拳中的那枚硬币吗？友情提示：摩擦双手，轻轻捏一下每个指尖，这会使你的指尖有更好的触觉。

降温了

大多数时候，夜晚会降温。这对于大多数长着绒毛或羽毛的动物来说算不了什么。哺乳动物和鸟类的身体会产生热量，它们是温血动物。它们的皮毛可以保温。

但两栖动物和爬行动物不会自己产生热量。它们没有皮毛保护，也没有体内保温方法，它们是冷血动物。为了保持热量，它们会尽量寻找最温暖的地方居住。

开心一刻！

爬行动物为了保暖穿什么？

龟领衫！（高领绒衣）

感热颊窝

蝮蛇、蚰蛇以及大蟒蛇的头部都有能探知热量的颊窝。这些颊窝里的细胞可以探知远小于1摄氏度或华氏度的温差，这让蛇可以知道附近是否有温血动物。很久以来，科学家们一直认为蛇是唯一一种可以做到这一点的脊椎动物，直到研究吸血蝙蝠的小组发现吸血蝙蝠的脸部也有可以探知热量的细胞。

感热颊窝

你知道吗？

人的年纪越小，皮肤上的感知点就越多。因此，你对物体的感觉比你父母或老师敏感得多。

有些物体能更好地保持热量。在晴天后的黄昏，摸一摸在阳光下晒了一天的人行道或岩石，摸一摸草或植物。如果你是一只想要取暖的动物，你会躺在哪里？

在乡村，最热的地方往往是铺着柏油的马路。在凉爽的夏夜，在温暖的路面上寻找青蛙、蟾蜍、蛇和乌龟吧。许多城市有大量的砖石建筑物，这些建筑会使城市的夜晚更温暖。冬天，乌鸦和其他鸟类会蜂拥到城市取暖。

活动： 触摸测试

你的触觉灵敏吗？什么东西可以使你的触觉变得更灵敏或更迟钝？

1 右手拿一个袋子，左手拿另一个袋子。把每样小物件一边一个分别放入两个袋子。

2 袋子装好后就可以开始测试了。但是你不能偷看！首先，看看你是否可以从两个袋子里取出小号回形针，然后，取出大块的大理石。你取对了吗？

3 把所有物件都放回相应的袋子里。把一只手浸在热水里，另一只手浸在冷水里，数到 100 再将手拿出。再把双手分别放入两个袋子中，取出大号回形针，找到大号硬币。用温暖的手找东西容易，还是用冰冷的手找东西容易？

4 把所有物件放回相应袋子。在右手手指上抹些肥皂液。如果左手沾上了肥皂液，清洗干净。左手手指则轻轻地摩擦砂纸。然后将双手分别伸入袋子寻找两个瓶盖和小号硬币。用光滑的手找东西容易还是用粗糙的手找东西容易？

活动：结露水

当装满湿热空气的罐子遇冷时，你可以看到水会凝结成露珠。请一个大人帮你烧水倒水。

1 往罐子里倒滚烫的热水，数到60。数数时，在塑料袋中放10大块冰块。

2 倒出罐子里的水，只在罐底留下2.5厘米高的水。注意此时罐子看上去是清澈透明的。

3 将冰袋放在罐子口上。观察当热空气遇冷时会发生什么？

4 将黑纸放在罐子后面，用手电筒透过罐子照射黑纸。你看到了什么？

你知道吗？

月亮周围的光环是光线经地球大气层高端的微小冰晶发生反射而形成的。

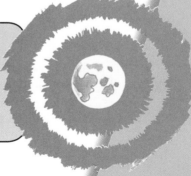

6. 夜晚的光线

晴朗的夜晚是不会漆黑一片的。有很多物体会产生光，如恒星、萤火虫、路灯以及车灯。很多物体会反射光线，如月亮、行星、动物眼睛以及路标。你在夜晚看到的是哪种光？

你知道吗？

在黑暗处，如果你想获得尽可能好的夜间视觉，请在手电筒镜片上蒙上一层红色玻璃纸。

路　灯

在有路灯以前，夜晚人们靠火把或灯笼照明。美国有些最早的路灯是竖立在高高灯杆上的蜡烛。这些蜡烛周围有四块玻璃，这样它们就不会被风吹灭了。

发明家们一直在努力改进路灯。他们发明了煤气灯及后来的电灯，取代了蜡烛灯或油灯。他们发明了有开关的路灯和可以定向照射的路灯。

有些路灯装有传感器，天黑时会自动打开，天亮时会自动熄灭。

路灯使人有安全感，它为我们指明道路，让我们看到附近的夜行动物。夜晚有点灯光是有好处的，但夜晚太多的灯光则是个问题。

你知道吗？

大多数人使用手电筒的方法不正确。如果你把手电筒举在身前，你只能看到光圈中的物体。但如果你把手电筒放在眼睛边，你看到哪里，手电筒也会照亮哪里。这也会让你更容易地看到动物眼睛的反光。

夜晚的光太多会对观察恒星和行星造成困难。光太多会延迟夜间开花植物的开花时间。飞蛾会绕着灯飞舞，而不去寻找食物或配偶。如果有太多光，有些蛙会停止歌唱。光太多的话，多数人也睡不着。

夜晚光太多被称作**光污染**。新型的路灯能用更少的能量产生人们所需要的光。它们造成的光污染也少。科学家们根据在一次观测中看到的星星数量来测量光污染的程度。看到的星星越多，光污染就越少。

词汇单

光污染：夜晚路灯、广告牌、建筑物发出的过多人造光，导致人们难以看见星星。当夜晚光太多时动物和植物也会有异常反应。

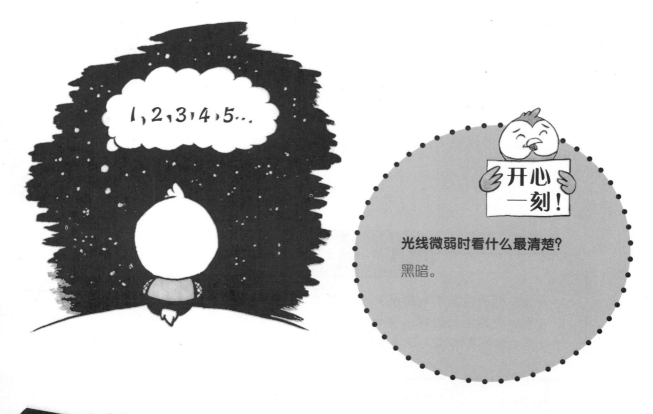

1、2、3、4、5...

开心一刻！

光线微弱时看什么最清楚？
黑暗。

反 射 器

反射器会向特定方向投射光线，它们不吸收任何光线。反射器被应用在路灯、路标、路面标线、自行车、衣服甚至狗项圈上，使得人们可以在夜间看到它们。如果仔细观察一些反射器，你会发现它们呈宝石状，它们会将光源分散并反射给你。

夜晚当你拿着一个手电筒四处走动时，你可能会看到一对对小的反射器在移动！注意！这可能是夜行动物眼睛反射出来的光。

许多夜行动物的眼睛视网膜后面有一层特殊的细胞，叫做**反光膜**，它可以起到反射器的作用。

词汇单

反射器： 将光线反射回去的玻璃、金属或其他材料。

反光膜： 许多动物眼睛视网膜后面的一层特殊细胞，可以反射光线。

数 鳄 鱼

《国家地理》杂志的野生动物专家巴尔进到哥斯达黎加的一个洞穴中寻找鳄鱼。他打开手电筒，看到橙色的鳄鱼眼睛向他反射着光芒。当洞穴中的 7 条鳄鱼开始咆哮时，巴尔的队友迅速将他拉了出来！

反射光为动物眼睛中的视杆细胞和视锥细胞提供了额外的光，这让它们在夜晚看得更清楚。动物眼睛反光的颜色是帮助你辨别它的又一条线索。

动物	眼睛反光颜色
负子袋鼠和浣熊	黄色
鹿	白色
狐狸和兔子	红色
猫	绿色

月 光

夜晚你看到的最明亮的自然光来自天然反射器月亮。月亮自己不发光，它反射了接收到的 7% 的阳光。这反射光就是我们看到的月光。月圆时，月亮反射的光相当于一盏明亮的路灯。

你也许多次抬头看过月亮。你有没有注意到它的形状似乎在改变呢？当然，月亮实际上是不会改变形状的。由于月亮总是绕地球运行，我们每晚看到的月亮反射面都是不同的。朝向太阳的一面是明亮的，背对太阳的一面是黑暗的。

月亮的每个"形状"代表一个相，有相应的名称。月相取决于月亮和太阳所处的位置。有时，当月亮和太阳在地球的同一侧，你根本看不到月亮。当月亮和太阳位于地球相对的两侧，月亮看上去就像一个明亮的大圆。当月亮看上去像一个半圆时，我们称它为弦月。月亮看上去有一点像香蕉时，我们称它为蛾眉月。月亮看上去像一个漏了气的皮球时，我们称它为凸月。你能根据描述说出上面的月相分别是什么吗？

行星的反光

包括地球在内的所有行星就像月亮一样会反射光线。如果行星不反射光线，我们就看不到它们！像地球一样，其他行星也绕太阳运行。它们在天空中就像明亮的恒星。黎明前或黄昏后，你常常可以找到金星，它是天上最明亮的"星"。

地球各地的人们看到的月相都是一样的。但是，你所处的位置不同看到的也会略有不同。如果你在**北半球**，你会看到一轮向左弯曲的蛾眉月。同一个夜晚，**南半球**的人会看到一轮向右弯曲的蛾眉月。如果是弦月或凸月，北半球的人看到的月亮朝向右边，南半球的人看到的月亮朝向左边。而如果是满月的话，所有人看到的月亮都是一样的！

词汇单

北半球：赤道以北的半个地球。

南半球：赤道以南的半个地球。

天文学家：研究恒星、行星以及太空中其他物体的人。

星座：组成某个形状或图案的一组恒星。天上共有88个公认的星座。

天上星星亮晶晶

你在夜空中看到的大多数星星是遥远的巨大火球。恒星通过燃烧气体发光。在人造光大量出现前，观星者可以一次在夜空中看到2000多颗恒星，要记录下所有单个的星体实在是太多了！**天文学家**则探索恒星组成的图案，他们以恒星为点，点点相连便绘成了人和动物的图案。我们把这些图案称作**星座**。

星星掉下来了!

有一种星星不在任何星图上。它叫流星。流星不是真正的星星,它们是**小行星**或其他太空物质的小碎片。这些碎片在穿越地球大气层时温度会急剧升高,坠落过程中发出明亮的光线。它们会在空中划出一条光带,这条光带给人的错觉是星星掉下来了,科学家们称其为流星。流星往往在落地前就早已燃烧殆尽,落到地面上的流星就叫做**陨石**。

词汇单

小行星: 围绕太阳运行的小型岩质物体。小行星太小了,达不到行星的标准。

陨石: 任何穿过大气层坠落到地面的太空物质。

地球轨道的某些特定空域集中了大量小行星碎片,地球穿越这些地带时,你就可以观察到许多流星。天文学家把这个现象称为流星雨。观看流星的最好时间是子夜过后。遇上最大的流星雨时,每小时你大约能看到 100 颗流星,只要你那时还没睡!

你可以把流星雨记录到你的夜晚时钟上。如果天晴朗的话,带上几条毛毯出门,去一个你能找到的最黑暗的地方,平躺在地上,朝上看天空。

✳ 象限仪座流星雨 1 月 2 日 -5 日

✳ 英仙座流星雨 8 月 10 日 -13 日

✳ 狮子座流星雨 11 月 15 日 -17 日

就如太阳每天东边升起西边落下一样，星星也是东升西落的。这意味着太阳落山后你看到的星座位置和你睡觉时或黎明前看到的星座位置是不同的。但是，这不是因为太阳和星星在天空中移动，而是因为地球在不停地自转。虽然你感觉不到这种自转，但不同的时刻你看到的星空是不同的。

地球也在沿着自己的轨道绕太阳运行。地球绕太阳一周要一年，因此，你视野中的星空也一直在变。你能看到哪些星座取决于地球在轨道的哪个位置。有些星座可以在冬天看到，而另一些星座只能在夏天看到。

你知道吗？

地球摆动也会导致北极星的变动。6000多年前，最接近北极的星是紫微右垣一，而不是勾陈一。现在你仍可看到紫微右垣一，其位置在大熊星座和小熊星座之间，是天龙座的一部分。

在黑暗中发光

你使用过荧光棒吗？它有两根管子，外面一根大塑料管装有一种化学物质，中间的小玻璃管内装着另一种化学物质。当你手掰塑料管时，玻璃管就会破裂，两种化学物质混合在一起发出光芒。

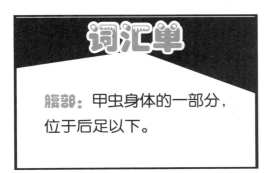

腹部： 甲虫身体的一部分，位于后足以下。

有些动物和植物也会混合化学物质，发出自己的光芒，这叫生物发光。生物发光的动物和植物体内有特殊的化学物质，混合后可以发出光芒。

一种广为人知的具有生物发光性的生物就是萤火虫，这种昆虫实际上是一种甲虫。成年甲虫混合**腹部**靠近尾部处的化学物质。大多数萤火虫发光是为了寻找伴侣。

词汇单

真菌：类似于植物的生物，但没有叶和花，生长在腐烂的植物或物体上，例如老树根。如青霉、白霉以及蘑菇。

幼虫：处于蠕虫阶段的昆虫。

孢子：真菌产生的微小的单细胞微生物，功能像卵一样，可以长成成年真菌。

其他自己会发光的生物包括雌萤、鮟鱇鱼，以及生长在腐烂树木上会产生磷火的**真菌**。雌萤是萤火虫的**幼虫**。雌萤和鮟鱇鱼发光是为了将它们喜爱的食物吸引过来。一些科学家认为真菌产生磷火是为了警告其他动物不要吃它。而另一些科学家则认为真菌产生磷火是为了吸引昆虫停宿在它们上面。昆虫离开后，会带走传播真菌的**孢子**，真菌会在新的地方繁殖。

开心一刻！

萤火虫怎样比赛？

预备，设定，发光！

你知道吗？

美国独立战争期间，士兵们曾经想用在黑暗中发出磷火的真菌为"海龟号"潜艇照明。但潜艇潜入水下时，由于温度太低，真菌不能发光。

活动：调整光线的方向

老式路灯照亮的很多地方并不需要照明，而有些重要地方却依旧黑暗。新式路灯配有灯罩，可以散射光线，照亮需要的地方，很少有光线会射向大气。

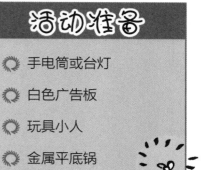

1 如果你用台灯，将灯罩除去，只剩灯泡。

2 将灯置于广告板的中央，灯泡向上。

3 将玩具置于离灯座 7.5 厘米处。

4 打开台灯，关掉其他灯，观察灯下的阴影。光向哪个方向照射？

5 将一只手置于灯上，但不要碰到灯。阴影会发生什么变化？广告板变亮了还是变暗了？

6 将平底锅置于灯上，阴影会发生什么变化？广告板变亮了还是变暗了？

注意： 你的手和平底锅的作用类似于反射器，它们使光线照向下方。这意味着光线照不到的黑暗处更少，光污染也更小。观察你家附近的路灯，它们有反射器吗？

活动：夜光调查表

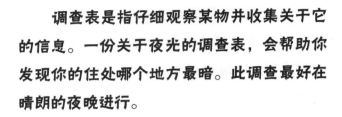

活动准备

- 纸
- 写字板
- 尺（可选）
- 彩色铅笔

调查表是指仔细观察某物并收集关于它的信息。一份关于夜光的调查表，会帮助你发现你的住处哪个地方最暗。此调查最好在晴朗的夜晚进行。

1 将纸置于写字板上，如下页所示画一张表格。

2 天黑时，出去站在大门外。数一数你看到的每种光源的数量。用彩色铅笔将数字写在相应空格里，每个数字用一种颜色。如果你在很黑的地方，你可能要猜一猜你能看到几颗星星。

3 另一个晚上，去户外的另一个地方，可以是你家的屋后或公园里。如果你住的公寓楼顶可以上去的话，问一下你是否可以在楼顶上做调查。每种光源用不同颜色的铅笔计数。

4 在尽可能多的地方调查，查看你的表格，比较一下每个地方你看到的星星各是多少。你能看清颜色吗？你能看清什么形状吗？你认为哪个地方最黑？哪个地方最亮？

5 你可以早点起床，在黎明前也做同样的实验。如果你做了的话，在表格上再加上一列，名称为"黎明前，我看到……"

6 用这张表格来帮助你决定何时何地进行夜晚科学活动。如果你想看星星，就在一个月光不太明亮的夜晚，去一个灯很少的地方。如果你想看飞舞的飞蛾（或者蝙蝠和夜鹰！），找一个灯光高照、光线强烈的地方，如停车场或体育场。

		黄昏后，我看到……
自然光	星星	
	月亮	
	萤火虫	
	火	
	其他自然光（雪）	
人造光	路灯	
	门廊灯	
	窗灯	
	车灯（前灯、尾灯、警灯等）	
	霓虹灯、发光路标	
	安全灯（交通信号、建筑标识）	
	手电筒	
	其他人造光	

活动：软糖月亮

活动准备

- ○ 5 大块棉花软糖
- ○ 竹签
- ○ 黏土
- ○ 5 张桌子或 5 个盒子（高度相等）
- ○ 4 张便条纸或索引卡
- ○ 铅笔
- ○ 台灯或手电筒

不要把月相记录在你的夜晚时钟上，因为每年的日期都会变。相反，你倒是要在月亮上咬一口！

1 将软糖叉在竹签的一端，另一端叉上一块黏土，你的月亮就被支起来了。

2 将 4 张桌子或 4 个盒子排成方形，中间留一正方形的空档，可以容你站立和转身。

3 在 4 张便条纸或索引卡上标上 1—4，向右按顺时针方向在每张桌子上各放一张。然后在每张桌子上放一块软糖。

4 将第 5 张桌子放在 4 张桌子外并且与空档隔着桌 1。把台灯放在这张桌子上，如果台灯有灯罩的话，把灯罩拿掉。打开灯，这就是你的太阳。

5 跪坐在方形空档的中央，头刚好露出桌缘。

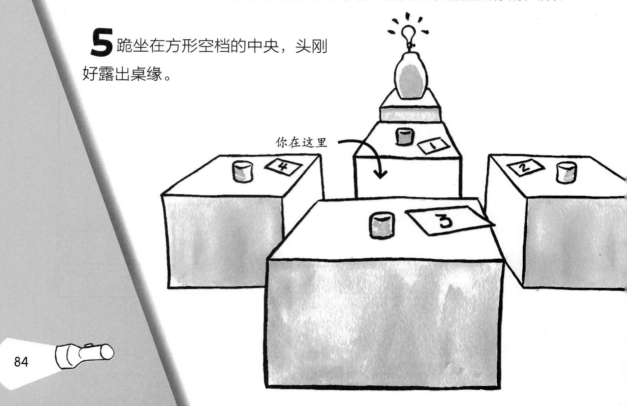

你在这里

84

6 将你的月亮放在桌2上，你从方形空档的中央直视月亮。从你所在的地方，你能看到软糖上有多少部分被光照到？咬一口桌上的软糖，使其与竹签上月亮的明亮部分相匹配。（提示：你应该看到一半是亮的，一半是暗的，也就是说你应该吃掉一半的软糖）。这就是弦月。你看到弦月时，月亮和太阳之间相隔约四分之一圆周。故而，它们起降之间要相隔4到8个小时，取决于一年中所处的时节。

1

2

7 将月亮移到桌3，太阳的对面，从方形空档的中央直视月亮。软糖上有多少部分被光照到？咬一口桌上的软糖，使其与竹签上月亮的明亮部分相匹配。（提示：你看到的月亮应该是全亮的，因此你不用咬！）太阳落下时月亮就升起了，你可以看到月亮的整个圆面，这叫做满月。将满月软糖放回桌上。

3

8 将竹签上的月亮移到桌4，从方形空档的中央直视月亮。软糖上有多少部分被光照到？咬一口桌上的软糖，使其与竹签上月亮的明亮部分相匹配。将月相软糖放在桌上，这是另一个弦月。

9 将竹签上的月亮移到桌1，就在太阳前面。从方形空档的中央直视月亮。你看到软糖上有多少部分被光照到？咬一口桌上的软糖，使其与竹签上月亮的明亮部分相匹配。（提示：你看到的月亮应该是全黑的，这就是说你要把软糖全吃了！）当月亮和太阳同时升起时，你看不到月亮，这叫新月。

注意：如果你把竹签上的月亮放在新月和弦月之间，你会看到蛾眉月的月相。如果你把竹签上的月亮放在弦月和满月之间，你会看到凸月的月相。

活动：制作自己的天穹

几千年来，人类把星座当作指南针、日历以及钟表来用。通过制作并使用自己的天穹，你可以学会辨别 8 个星座。你还可以根据某个容易找到的星座来辨别方向。

1 打开雨伞，将卷尺的一端放在伞内中央的伞柄附近，沿着一根伞骨将卷尺拉到伞的外缘。记下长度。

2 将此长度除以 8。

3 根据算出来的长度，用卷尺和粉笔，沿着每根伞骨标出 8 个点，点和点之间距离相等。将相应的点连起来，画出 8 个均匀的圆。

4 用荧光颜料在两根伞骨间的扇形区域标上标号，标号可以是 A、B、C、D、E、F、G、H。

5 用粉笔把星图依样绘制在伞上，如果画错了，用湿布抹去。

6 你觉得星图比较满意的话，照着粉笔线条涂上颜料。颜料干后才可以把你制作的天穹收起。

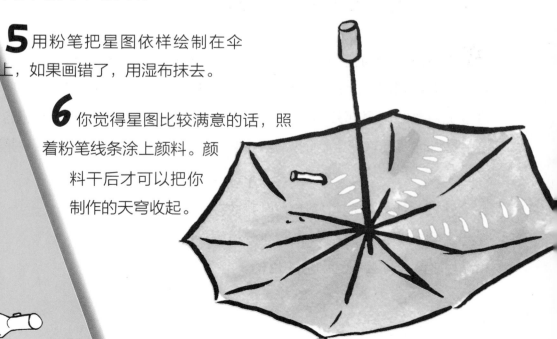

星图	
A 区	猎户座
B 区	北极星 仙后座 飞马座
C 区	飞马座
D 区	天琴座
E 区	北冕座
F 区	大熊座：北斗星
G 区	大熊座：北斗星
H 区	双子座 大犬座

使用你的天穹： 在一把椅子旁打开你的天穹，将 B 区置于椅子顶部。蹲下来倾斜伞柄，直到你看到北斗星刚好在椅子顶部。这是北半球大约 9 月 1 日晚上 8 点你能看到的夜空。慢慢地向左逆时针转动伞柄，天穹中央的星星在北边的夜空是一直可见的。位于边缘的星星则总是升起落下。这些星星看上去好像会径直从你头上方飞过。在 12 个小时的夜晚（晚上 8 点到上午 8 点），你几乎能够看到 5 个星区。

活动：人体指南针

组成北斗星的斗前侧的两颗星以指极星闻名，因为它们指向位于正北方的北极星（勾陈一）。你自己也可以成为一个指南针，只要抬头观察夜空即可！

1 抬头看北斗星，想象一下，从斗底前侧的星为起点画一条线，穿过斗口前侧的星继续延伸，你在这根线上找到的下一颗最为明亮的星，就是北极星。这颗孤独的星画在你天穹中最靠近中央伞柄顶点的地方。

2 如果你在户外看着北极星，你就是在向北看，你背朝南。笔直地抬起右臂，它指向东方。笔直地抬起左臂，它指向西方。现在你就是一个人体指南针了。

视 力 测 验

在古罗马，要成为军中弓箭手的话，必须要通过视力测验。晴朗的夜晚，将军会把你带到野外，他会问你在北斗星的把柄上看到了几颗星。你能看到几颗星？有些人看到了3颗，有些人看到了4颗。在把柄中部，有两颗星靠得很近。如果你无需眼镜就可以辨别这两颗星的话，你就可以成为一名罗马弓箭手了。

活动：光线反射

为什么大多数的反射器都不是整片的，而是由许多小片组成的？这样反光就不会强到使你致盲！

1 将铝箔包在书的正面，尽量保持表面光滑，将书竖立起来。

2 头与书保持同一高度，把手电筒置于眼睛旁。将手电筒朝向铝箔打开，哎唷！光直接反射到了你的眼睛里。

3 然后把手电筒移到一边并照向铝箔，头保持在手电筒和铝箔的中间。光线是反射回来了，但却反射到了另一侧。这样你还是看不清物体。

4 将铝箔从书上拿下，将其揉皱，再拉平后包在书的正面。

5 将书竖起来，头与书保持同一高度。手电筒置于眼睛旁，朝向铝箔打开。这样好多了，你可以看到光线，但不刺眼。

6 拿着手电筒到户外，你可以找到哪些反射器？注意这些反射器是如何构成而又不致于伤害眼睛的。

注意：由于我们不想因反光致盲，反射器在设计上应该考虑让光朝许多方向发散。使用许多小反射器也可以满足设计师让光反射到多个方向的需求。这样的话，这些小反射器就可以反射来自多个方向的光线了。

活动：萤火虫游戏

世界上有 2000 多种萤火虫，每种萤火虫都有各自的发光模式。萤火虫通过寻找匹配的发光模式来寻找伴侣。有些萤火虫会故意用错误的发光模式，然后吃掉那些被引诱来的萤火虫。

1 将索引卡分成两叠，每叠 5 张。将一叠卡片标注为"男孩"，另一叠卡片标注为"女孩"。

2 将匹配码分别画在两叠卡片上。

✳ 1：点，点，点

✳ 2：点，点，划

✳ 3：点，划，划

✳ 4：划，点，划

✳ 5：划，划，划

3 用胶水把点高高地隆起，把划做成粗粗的线条，让胶水自然干。

你知道吗？

有些雌性女巫萤会把其他类的雄性萤火虫杀死并吃掉。萤火虫是已知的唯一一种在夜间掠食的飞虫。

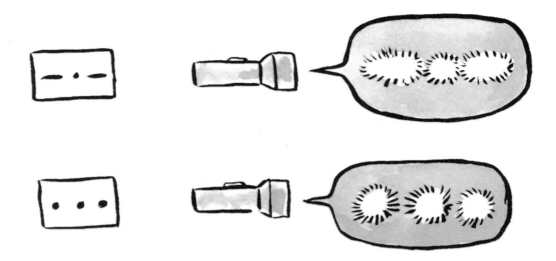

4 将卡片反面朝上放置，每个孩子抽出一张卡片看一下，但不要给其他人看。如果卡片上写着男孩，游戏时你要不断走动，如果卡片上写着女孩，游戏时你要在开阔处找个地方坐下来等候。

5 每人有 20 秒的时间带着手电筒和卡进入黑暗处。20 秒后，所有游戏者开始照亮自己的密码，同时也要看其他人照亮的密码。每照一次间隔 5 秒钟。

6 拿着男孩卡片的人向他们看到的匹配反光处靠近。但要当心！如果密码不匹配，雌性萤火虫会把不匹配的雄性萤火虫当晚餐吃掉，那个游戏者就出局了。

7 当所有人都找到了匹配对象或被吃掉了后，游戏就结束了。打乱卡片，再玩一次。

　　班级交流： 萤火虫发光是为了警告掠食者，它们体内含有难吃的毒液。课间休息时可以玩萤火虫抓捕游戏。将手电筒和荧光棒等光源散放在四周。当抓捕者想要抓你时，抓起一个光源，你就安全了。如果你没有抓到光源，抓捕者就会把你"吃"了，你就出局了。直到只剩一只萤火虫，游戏结束。

图书在版编目（CIP）数据

探索夜晚：24个走进夜晚的创新活动/（美）布勒鲍姆
著；（美）斯通图；陈慧麟译. —上海：上海科技教育出版
社，2016.7
（"科学么么哒"系列）
书名原文：Explore Night Science
ISBN 978-7-5428-6151-1

Ⅰ.①探…　Ⅱ.①布…　②斯…　③陈…　Ⅲ.①
夜—青少年读物　Ⅳ.①P193-49

中国版本图书馆CIP数据核字（2016）第072005号

责任编辑　李　凌
装帧设计　杨　静

探索夜晚——24个走进夜晚的创新活动

［美］辛迪·布勒鲍姆　著
［美］布赖恩·斯通　图
陈慧麟　译

出　　版　上海世纪出版股份有限公司
　　　　　　上 海 科 技 教 育 出 版 社
　　　　　　（上海市冠生园路393号　邮政编码200235）
发　　行　上海世纪出版股份有限公司发行中心
网　　址　www.ewen.co　www.sste.com
经　　销　各地新华书店
印　　刷　常熟文化印刷有限公司
开　　本　787×1092 mm　1/16
印　　张　6
版　　次　2016年7月第1版
印　　次　2016年7月第1次印刷
书　　号　ISBN 978-7-5428-6151-1/G·3460
图　　字　09-2014-128号
定　　价　20.00元